MINISTÈRE DE L'AGRICULTURE ET DU COMMERCE.

EXPOSITION UNIVERSELLE INTERNATIONALE DE 1878
À PARIS.

GROUPE VIII. — CLASSE 83.

# LA SÉRICICULTURE NOUVELLE,

PAR


M. BALBIANI,
PROFESSEUR AU COLLÈGE DE FRANCE.

MINISTÈRE DE L'AGRICULTURE ET DU COMMERCE.

EXPOSITION UNIVERSELLE INTERNATIONALE DE 1878
À PARIS.

GROUPE VIII. — CLASSE 83.

# LA SÉRICICULTURE NOUVELLE,

PAR

M. BALBIANI.

Depuis tant de siècles que l'art de tisser les étoffes est en possession de la soie de notre Bombyx du mûrier, celle-ci a toujours constitué la plus belle des matières textiles d'origine animale ou végétale. Mais la cherté de ce produit, l'impossibilité de cultiver partout le mûrier qui sert de nourriture aux vers, les épidémies qui, à diverses époques, ont ravagé les magnaneries, toutes ces causes réunies ont maintes fois fait songer à chercher parmi les espèces indigènes ou étrangères des auxiliaires du précieux insecte.

Déjà, au siècle dernier, le président de Bon avait proposé d'utiliser la soie des araignées pour en faire des tissus, et il présenta même à l'Académie des sciences des bas et des gants qu'il avait fait fabriquer avec cette matière. A la même époque, en apprenant à connaître les grands bombycides asiatiques et américains, les naturalistes ne furent pas seulement frappés de l'ampleur de leurs formes et de la beauté de leurs couleurs : une pensée utilitaire se glissa parmi leur admiration, et ils se demandèrent si leurs volumineux cocons ne fourniraient pas une soie utile, même à côté de celle de notre Bombyx du mûrier. Mais c'est surtout depuis une trentaine d'années, à l'occasion de quelques éducations heureuses de bombycides exotiques faites dans notre pays, que l'idée de l'emploi industriel de leur soie s'est fait jour dans les esprits. En signalant à l'Académie des sciences ces essais tentés à titre de pure curiosité scientifique, quelques naturalistes, V. Audoin, Guérin-Méneville, M. Émile Blanchard, émirent l'opinion que l'industrie séricicole tirerait probablement un parti avantageux de la naturalisation de ces espèces étrangères qui pourraient remplacer le ver à soie dans les contrées où le climat ne permet pas l'élevage de ce dernier.

M. Blanchard surtout montra que cette espérance était d'autant mieux fondée que plusieurs de ces producteurs de soie peuvent vivre aux dépens de nos végétaux indigènes, que leur éducation se ferait par conséquent sans avances de culture et par suite à beaucoup moins de frais que celle du Bombyx du mûrier qui exige des plantations spéciales. «Les chenilles de ces lépidoptères, disait M. Blanchard, se nourrissent de plantes très semblables à celles de notre pays et vivent parfaitement sur les espèces qui croissent en France....., c'est-à-dire que ces animaux peuvent être élevés dans notre pays sans qu'on soit obligé de leur consacrer aucune culture. Dans le voisinage des bois, on leur trouverait sans frais une nourriture abondante. Les aubépines qui servent de clôture seraient également utilisées pour la nourriture de ces Bombyx. Les gens les plus pauvres de nos campagnes trouveraient autour d'eux la nourriture de leurs nouveaux vers à soie, et ils obtiendraient ainsi un produit d'une assez grande valeur. Les femmes, les enfants, toutes les personnes incapables de se livrer à un labeur pénible, suffiraient pour s'occuper un peu chaque jour et pendant quelques semaines des soins à donner à ces chenilles [1].» Nous avons cru devoir remettre sous les yeux du lecteur ces lignes, qui résument parfaitement l'intérêt qui s'attache à cette question des nouveaux vers à soie, intérêt tout aussi actuel aujourd'hui qu'il y a trente ans lorsqu'elles furent écrites.

(1) Émile Blanchard, *De l'acclimatation de divers Bombyx qui produisent de la soie* (*Comptes rendus de l'Académie des sciences*, t. XXIII, 1849, p. 670).

Ces essais d'élevage de Bombyx étrangers, entrepris d'abord comme une distraction scientifique, ne tardèrent pas à passer dans le domaine industriel des applications pratiques et à se multiplier dans toutes les parties de la France et même de l'Europe. Nous ne tracerons pas ici l'histoire de cette nouvelle branche de la sériciculture, histoire encore bien jeune, car elle date d'un quart de siècle au plus. Pour être dépourvue des détails pittoresques ou merveilleux qu'on rapporte au sujet de l'introduction en Europe du ver à soie du mûrier, elle n'en présente pas moins un haut intérêt par les difficultés contre lesquelles eurent à lutter les premiers éducateurs pour plier aux conditions de notre climat la nature rebelle de ces nouveaux venus. En tête des plus zélés promoteurs de cette industrie nouvelle, il faut placer Guérin-Méneville, dont la mort regrettable, survenue depuis l'Exposition universelle de 1867, a laissé la place vide à celle de 1878. Il est en effet peu de ces nouveaux producteurs de soie dont Guérin-Méneville n'ait tenté ou encouragé l'introduction en France, ou à la propagation desquels il n'ait contribué pour une part plus ou moins large. Devant me borner ici à l'exposé des progrès réalisés pendant ces dix dernières années, c'est-à-dire depuis l'Exposition universelle de 1867, je renverrai, pour ce qui concerne la période antérieure, au rapport publié par M. Émile Blanchard à l'occasion de cette dernière [1]. Gr. VIII. — Cl. 83.

## I

A cette époque, l'épizootie, qui depuis une vingtaine d'années faisait de si cruels ravages dans tous les pays séricicoles de l'Europe, était dans toute sa violence; rien n'en faisait prévoir la fin, et l'on craignait sinon l'extinction totale de nos races indigènes de vers à soie, du moins la prolongation indéfinie de la crise qui pesait sur notre industrie séricicole, et qui encore aujourd'hui est loin d'être entièrement conjurée. Cette appréhension fit qu'on déploya une ardeur nouvelle dans les tentatives de propagation

[1] *Exposition universelle de 1867 à Paris* (*Rapports du jury international*, publiés sous la direction de M. Michel Chevalier, t. XII, 1868, p. 403).

Gr. VIII. — Cl. 83.

des insectes séricigènes nouvellement importés, afin de combler les vides causés par le fléau. Trois espèces surtout présentaient alors les plus grandes chances pour pouvoir être acclimatées chez nous. En tête se trouvait le ver à soie de l'ailante (*Attacus cynthia*), espèce de la Chine, introduite et propagée en France par Guérin-Méneville. On sait que cette espèce s'est si bien naturalisée dans notre pays, qu'en moins de dix ans elle s'est complètement émancipée des soins de l'homme, et qu'actuellement elle vit et se multiplie spontanément sur les ailantes de nos parcs et de nos promenades. Malgré cet avantage si grand, la faveur dont jouissait naguère ce ver a beaucoup diminué, surtout depuis que Guérin-Méneville n'est plus là pour stimuler le zèle des éleveurs. A l'Exposition universelle de 1867, on pouvait déjà pressentir ce résultat; il s'est bien plus accusé encore par la rareté et le peu d'importance des produits de l'*Attacus cynthia* qui figuraient à celle de 1878.

La principale cause de cette défaveur est la constitution du cocon du ver à soie de l'ailante. Ce cocon est ouvert et formé de fils fortement incrustés par la matière gommeuse ou le grès, ce qui ne permet de l'utiliser qu'à la manière des déchets de la soie du Bombyx du mûrier, c'est-à-dire par le cardage et non par le dévidage en soie grège, qui donne les étoffes les plus belles et les plus solides. Cependant cette difficulté industrielle paraît levée aujourd'hui par la découverte récente, due à un sériciculteur, M. Christian Le Doux [1], d'un procédé permettant de dévider les cocons du *Cynthia* et d'en former un fil à plusieurs brins comparable à celui qu'on obtient avec les cocons du ver à soie du mûrier. Ajoutons que le procédé opératoire de M. Le Doux ne nécessitera de la part des filateurs aucune dépense nouvelle, les appareils qui servent à la préparation de la soie grège ordinaire pouvant être employés également au dévidage des cocons de l'*Attacus cynthia*; par conséquent les industriels, qui pour des motifs d'économie se sont toujours montrés hostiles jusqu'ici à toute innovation, n'auront plus de raison plausible pour ne pas utiliser les nouveaux cocons. D'un

[1] Mort en 1880.

autre côté, l'ailante ou faux vernis du Japon s'est naturalisé dans notre pays aussi complètement que la chenille qui se nourrit de sa feuille; il pousse partout, même dans les plus mauvais terrains, de sorte que les éducations de l'*Attacus cynthia* pourront se faire presque sans frais et devenir ainsi une source de sérieux bénéfices dans l'avenir.

## II

Si le ver à soie de l'ailante faisait assez triste figure à l'Exposition de 1878, il n'en était pas de même de ses deux congénères les Bombyx du chêne de la Chine et du Japon (*Attacus Pernyi* et *Yama-maï*), dont les produits formaient sans contredit la partie la plus intéressante et la plus originale de l'exposition séricicole.

Ce résultat n'a pas lieu de nous surpendre, car les qualités précieuses de leur soie avaient appelé depuis longtemps l'attention des éleveurs sur ces deux sérigènes. Cette soie est la plus belle après celle du Bombyx du mûrier, et se laisse travailler avec la même facilité. Les vers sont robustes, résistent bien aux intempéries de notre climat, et, par-dessus tout, leur éducation peut se faire à peu de frais, comme celle du Bombyx de l'ailante. La feuille de chêne, dont ils font leur nourriture, qui se perd annuellement par masses énormes dans nos parcs et nos forêts, serait élaborée par le ver en matière textile, de même que l'alfa, cette herbe si longtemps inutile des plaines de l'Algérie, a fini par trouver son emploi en se transformant en papier. Du reste, le *Yama-maï* est domestiqué depuis longtemps au Japon, où il est élevé en pleine campagne. Or, dans la partie septentrionale de ce pays, notamment dans l'île Niphon, où l'on s'adonne particulièrement à l'éducation du *Yama-maï*, le climat ne diffère pas sensiblement de celui de nos parties tempérées de l'Europe; dans certains districts, la température s'abaisse même assez souvent pour que les feuilles de chêne soient atteintes par la gelée [1]. Rien ne s'oppose par conséquent à ce que l'élevage du *Yama-maï* prenne la même extension

[1] Voir : *Éducation de l'Attacus yama-maï au Japon, d'après les notes de M. F. G. Adams, secrétaire de la légation britannique à Yedo*, par M. Ravenet-Wattel. (*Bulletin de la Société d'acclimatation*, numéro d'octobre 1876.)

Gr. VIII. — Cl. 83.

chez nous qu'au Japon. La possibilité des éducations en grand et en plein air ressortait déjà des nombreux essais faits en France et dans d'autres pays de l'Europe, notamment des expériences si concluantes de M. Personnat, qui, en 1865, dans la Mayenne, récoltait 2,000 cocons dans une seule éducation, et de celles non moins décisives de M. de Bretton, en Autriche, où 300,000 œufs furent recueillis, également dans un seul élevage, en 1866. Cette possibilité s'est affirmée de nouveau à l'Exposition universelle de 1878. Tout le monde a pu admirer, dans la section espagnole, la splendide vitrine de M. le marquis de Riscal, renfermant 25,000 très beaux cocons provenant de ses éducations faites à Alia et Guadalupe (province de Caceres), en Estramadure. Les vers sont élevés en plein air, sur un taillis de chênes appartenant à l'espèce du chêne tauzin (*Quercus tozza*) [1]. D'après les derniers résultats publiés, la récolte à Guadalupe s'est élevée, en 1876, à 17 kilogrammes de cocons, et la graine recueillie a été dans la proportion de 9.2 pour 1. Ces résultats font le plus grand honneur à MM. Bonafé et Morin, chargés de diriger les éducations de M. de Riscal, et qui ont fait à la Société d'acclimatation de Paris un intéressant rapport sur les procédés d'élevage qu'ils ont employés avec tant de succès [2].

L'Italie a fait aussi de sérieux efforts pour introduire chez elle le ver japonais. Comme spécimen de ses éducations d'Arezzo (Toscane), M. Brizzolari avait exposé un jeune chêne portant parmi son feuillage desséché les gros cocons vert pomme du *Yama-maï*. M. Brizzolari a réussi à acclimater ce ver à soie en Italie avec autant de succès que M. de Riscal en Espagne. Pour donner une idée de l'importance des résultats obtenus par cet éducateur, disons que, dans les derniers cinq ans, il a récolté d'une manière presque régulière 26 kilogrammes de cocons pour 100 grammes de graine mise en incubation [3].

(1) Espèce commune dans la région sud-ouest de la France.

(2) Bonafé et Morin, *Éducations d'Attacus yama-maï dans les propriétés de M. le marquis de Riscal*. (*Bulletin de la Société d'acclimatation*, numéro de janvier 1878.)

(3) 100 grammes de graine de *Yama-maï* correspondent, comme on sait, pour le rendement en cocons, à environ 12 ou 14 grammes de graine de ver à soie du mûrier.

Il était moins facile de soumettre le ver à soie du Japon aux conditions plus rigoureuses de notre climat du nord de la France. C'est cependant le résultat qu'a obtenu M. F. Bigot aux portes mêmes de Paris, à Pontoise. Commencées en 1870, les éducations de M. Bigot ont été poursuivies depuis cette époque avec le zèle le plus louable. Dès 1875, cet éleveur a pu annoncer à la Société d'acclimatation que la naturalisation du *Yama-maï* sous le climat de Paris pouvait être considérée désormais comme un fait accompli. Malgré les vicissitudes de nos saisons, toute l'éducation se fait en plein air; les vers mangent parfaitement les feuilles de nos chênes indigènes, et l'éclosion de la graine coïncide chaque année avec l'épanouissement des bourgeons de chêne, sans qu'il soit besoin de recourir à la réfrigération artificielle pour retarder l'éclosion des œufs. Ce sont bien là les signes d'une acclimatation parfaitement assurée.

Avant de quitter les éducations de M. Bigot, disons quelques mots de ses intéressantes expériences de croisement des *Attacus yama-maï* et *Pernyi*, bien qu'elles ne présentent qu'un intérêt purement physiologique et n'aient conduit jusqu'à présent à aucune application pratique. M. Bigot s'est assuré que les mâles de *Yama-maï* s'accouplent avec la plus grande facilité avec les femelles de *Pernyi* et que le résultat de ce croisement est la ponte d'œufs féconds assez nombreux. Il est beaucoup plus difficile d'obtenir inversement le croisement des mâles de *Pernyi* avec les femelles de *Yama-maï*, et ces unions restent le plus souvent stériles. Les vers hybrides présentent au premier âge une coloration qui n'est exactement ni celle de l'espèce mâle, ni celle de l'espèce femelle, ou le résultat de leur combinaison, comme cela s'observe souvent dans ces sortes de croisements; mais après la première mue, tous les vers ont une tendance à se rapprocher du type *Pernyi*, et cette tendance ne fait que s'accuser davantage avec les mues suivantes. Le cocon participe pour la forme et la couleur aux caractères du cocon dans chaque espèce; il est gris brun avec une teinte verdâtre.

Il serait intéressant de poursuivre ces expériences et de s'assurer si ces hybrides peuvent se reproduire entre eux et pendant combien de générations ils conservent leurs caractères intermédiaires ou

Gr. VIII. — Cl. 83.

mixtes. D'après tout ce que nous savons de ces croisements d'espèces différentes, il est plus que probable qu'au bout d'un certain nombre de générations ils finiraient par retourner au type de l'une des deux espèces dont ils sont issus. C'est ce qui a été remarqué pour les produits du croisement du ver à soie de l'ailante (*Attacus cynthia*) et du ver à soie du ricin (*A. arrindia*), obtenu autrefois par Guérin-Méneville. Au rapport de M. de Quatrefages, ces hybrides, élevés au Muséum d'histoire naturelle, étaient presque tous revenus dès la septième génération au type de l'*Arrindia*.

La Belgique elle-même, bien que son climat soit peu favorable à la sériciculture, n'a pas voulu rester en arrière dans les tentatives d'acclimatation des nouveaux vers à soie. Dans l'exposition de M^me^ Simon de Fuisseaux et son fils (de Bruxelles), disposée d'une manière intéressante pour l'étude de l'insecte et de ses produits, on remarquait parmi de beaux échantillons de cocons et de soie grège du *Bombyx mori*, les produits naturels et ouvrés de l'*Attacus yama-maï*. Ces éducateurs sont bien près d'avoir réussi à acclimater le ver japonais en Belgique. En 1878, ils ont mis à éclosion quatre mille œufs; l'éducation, faite sur chênes vifs de la Campine belge, a produit deux mille cocons obtenus sur deux mille chêneaux de six ans. L'éclosion, qui a eu lieu du 18 avril au 5 mai, coïncidait parfaitement avec l'épanouissement des feuilles de chêne, et les pertes ont été relativement minimes. Pendant la durée de l'éducation, les vers ont supporté des pluies persistantes, des vents violents et une température variant de + 5 degrés centigrades à + 27 degrés centigrades. Le grainage s'est fait dans de bonnes conditions. Du reste, les intempéries du climat de la Belgique ne constituaient pas le principal obstacle contre lequel eurent à lutter les éducateurs; les pertes occasionnées par les animaux destructeurs, oiseaux et souris, sont bien plus sensibles et d'autant plus fâcheuses qu'on n'a pas encore réussi à garantir contre ces déprédateurs les vers dans les éducations en plein air.

La Belgique sera probablement l'extrême limite à laquelle pourra s'étendre vers le nord l'élevage du *Yama-maï* en Europe. Déjà en Angleterre, si nous en croyons M. Alfred Wailly, l'acclimatation de ce ver devient impossible, à cause des gelées tardives, fréquentes dans ce pays, qui font périr les jeunes chenilles[1]. L'*Attacus Pernyi* n'y paraît pas prospérer beaucoup mieux. M. Wailly espère de meilleurs résultats des bombycides de l'Amérique du Nord, notamment de l'*Attacus polyphemus,* espèce polyphage, à laquelle le climat froid et humide de l'Angleterre paraît mieux convenir qu'à ses congénères asiatiques.

## III

L'autre espèce de ver à soie du chêne (l'*Attacus Pernyi*), originaire du nord de la Chine, a été, elle aussi, depuis une dizaine d'années, l'objet de nombreuses tentatives de propagation dans les divers pays de l'Europe : ce qui s'explique du reste par les excellentes qualités de son cocon, qui est fermé comme celui du *Yama-maï,* volumineux, et donne au dévidage une soie souple et brillante, plus estimée même par certaines personnes que celle de ce dernier. Mais le *Pernyi* diffère, comme on sait, du *Yama-maï* en ce qu'il est bivoltin, c'est-à-dire se reproduit deux fois dans la même saison, à la manière de certaines races de vers à soie du mûrier. Sous le climat de la France et des autres pays tempérés de l'Europe, les sujets formant la deuxième génération n'ont pas le temps d'accomplir toutes leurs métamorphoses dans la même année, mais hivernent à l'état de chrysalides qui n'éclosent que le printemps suivant. Il arrive même souvent, lorsque la saison est froide, que les vers sont retardés dans leur développement jusqu'à ce que les feuilles de chêne viennent à manquer, et périssent ainsi faute de nourriture. Beaucoup d'éducateurs, rebutés par les difficultés causées par ces particularités de l'évolution de l'*A. Pernyi* et les échecs répétés qui en ont été la conséquence, ont délaissé cette espèce en faveur du *Yama-maï,* qui est univoltin et à cause de cela plus facile à élever. Ces obstacles créés par l'évolution du *Pernyi* n'existent pas dans les contrées méridionales de l'Europe, où le développement s'effectuant plus rapidement que chez nous permet de

[1] *Bulletin de la Société d'acclimatation* (numéro de janvier 1878, p. 49).

Gr. VIII.
Cl. 83.

faire deux éducations entières dans le cours de la même saison. Aussi c'est un succès complet que nous avons à enregistrer en signalant les essais d'éducation du *Pernyi* faits par M. Perez de Nueros dans la province de Barcelone (Espagne). Les détails nous manquent encore sur les procédés d'élevage de M. Perez de Nueros, et nous ne pouvons que constater ici les heureux résultats qu'on a pu apprécier dans la section espagnole de l'Exposition universelle de 1878 [1]. Nous avons signalé précédemment la réussite non moins complète des éducations de *Yama-maï* entreprises par M. de Riscal dans le même pays; de sorte que l'on peut dès à présent féliciter l'Espagne de la double conquête qu'elle a faite des deux précieux auxiliaires du ver à soie du mûrier.

Le Nouveau Monde fournit aussi son contingent de bombycides producteurs de soie, dont la propagation en Europe est tentée depuis un temps plus ou moins long. Ce sont pour la plupart des espèces originaires du Canada ou des parties tempérées des États-Unis, telles que les *Attacus cecropia, luna, Prometheus, Polyphemus*, etc. Mais les éducations entreprises avec ces espèces ne sont guère sorties jusqu'ici du cercle de simples essais d'amateurs.

Cependant, si l'on considère l'analogie que le climat de leur pays natal présente avec le nôtre, la facilité avec laquelle on peut les élever, car la plupart sont des espèces polyphages, enfin l'excellente qualité de la soie que fournissent plusieurs d'entre elles, on trouvera dans toutes ces circonstances de sérieux motifs pour tenter des éducations en grand qui auraient certainement chance de réussir. Quel intérêt n'aurions-nous pas à acclimater chez nous des espèces séricigènes que l'on peut nourrir avec le hêtre, le chêne, le châtaignier, le saule, le platane, en un mot avec les végétaux les plus divers et les plus répandus. Cela revient à dire qu'on pourrait les élever partout. C'est à ces espèces surtout qu'on peut appliquer ces paroles de M. Blanchard que nous rappelions au commencement de ce travail : «Les gens les plus pauvres de nos campagnes trouveraient autour d'eux la nourriture de ces nouveaux

[1] M. Perez de Nueros a publié depuis dans le *Bulletin de la Société d'acclimatation*, numéro d'avril 1879, la relation de ses expériences d'éducation du *Pernyi* à l'air libre.

vers à soie, et ils obtiendraient ainsi un produit d'une assez grande valeur. »

Enfin une dernière espèce, l'*Attacus aurata*, de l'Amérique du Sud, que l'on commence à domestiquer au Brésil pour la beauté et l'abondance de sa soie, pourrait être acclimatée, sinon en France, dont le climat ne lui conviendrait sans doute pas, du moins en Algérie, où il serait facile aussi de cultiver le ricin dont la chenille se nourrit.

Les espèces séricigènes que nous venons de passer en revue n'épuisent pas, tant s'en faut, la liste des bombycides exotiques dont nous pourrions faire les auxiliaires de notre Bombyx du mûrier. Il est même probable que d'autres espèces que celles actuellement connues sont utilisées pour leur soie par certaines populations asiatiques. A mesure que nos relations avec les nations de l'extrême Orient deviennent plus fréquentes et plus étendues, que nous apprenons à mieux connaître les produits de leur industrie, nous sommes de plus en plus frappés des ressources que leur esprit inventif a su tirer des productions naturelles de leur pays. Nos prédécesseurs dans l'art du vêtement comme en beaucoup d'autres choses, ils emploient pour la confection de leurs tissus des matières que nous n'eussions certes pas songé à utiliser si nous les avions rencontrées dans notre propre pays.

L'Exposition universelle de 1878 nous en a encore fourni un exemple récent. Dans la section japonaise figurait un cadre contenant un certain nombre de cocons d'un aspect singulier avec des échantillons de soie cardée et d'étoffe tissée et teinte. Les cocons sont grands, de couleur brune; les fils soyeux sont fortement agglutinés par la gomme, mais, au lieu de former une paroi pleine, ils laissent entre eux des espaces irréguliers, plus ou moins larges, semblables aux mailles d'un réseau. A travers les mailles, on aperçoit la chrysalide à l'intérieur du cocon. Ces cocons à claire-voie s'observent aussi chez d'autres bombycides, par exemple dans notre espèce indigène l'*Aglia tau*. Ceux de l'espèce japonaise n'étaient accompagnés ni de la chenille ni du papillon. Néanmoins, sur notre prière, M. Künckel, aide-naturaliste au Muséum, les a déterminés comme appartenant à l'*Attacus aramis*,

Gr. VIII. — Cl. 83.

espèce de l'Asie orientale. Nous devons à l'obligeance d'un des membres de la commission japonaise les renseignements suivants sur ce ver à soie et l'industrie à laquelle il donne lieu au Japon. C'est dans le centre et au sud de la grande île de Niphon, principalement dans le district de Shinono que l'on exploite la soie de l'*Attacus aramis*. Celui-ci porte dans le pays le nom de *sho-thiou*. Les cocons sont recueillis à l'état sauvage sur le camphrier. Ils sont trop fortement incrustés pour qu'on puisse les dévider, mais on en obtient par le cardage une soie d'un gris brun, crépue, médiocrement fine. La soie tissée donne une étoffe d'une extrême solidité, mais absolument dépourvue de souplesse et de brillant, et rude comme un tissu de laine grossière. Aussi ne sert-elle pas à confectionner des vêtements, mais simplement des ceintures que portent les gens du pays. Dans la partie méridionale de l'île Niphon, on fabrique en outre, avec la matière soyeuse extraite des glandes du ver, des filaments très résistants dits *racine*, qui servent à monter les hameçons destinés à la pêche. La soie de l'*Attacus aramis* n'a pas de qualités assez belles pour nous faire regretter de ne pas pouvoir cultiver chez nous cette espèce avec le camphrier dont elle se nourrit : aussi est-ce à titre de simple curiosité que j'en ai parlé ici.

## IV

Une des causes les plus fréquentes des échecs éprouvés dans les éducations des nouveaux vers à soie sont les maladies auxquelles ils sont d'autant plus prédisposés qu'ils sont moins aguerris aux conditions climatologiques de leur nouveau milieu. C'est ce qui nous engage à en dire ici quelques mots en terminant cette étude.

Ces maladies sont au nombre de deux principales comme pour le Bombyx du mûrier, savoir : la pébrine ou maladie des corpuscules, et la flacherie ou maladie des morts-flats.

La flacherie, cette grave et trop commune affection de notre ver à soie ordinaire, sévit aussi fréquemment sur les éducations des nouvelles espèces séricigènes. Les principaux symptômes et les lésions anatomiques que l'on observe chez les vers malades accusent une altération des fonctions digestives, mais la flacherie présente encore beaucoup de points obscurs dans son étiologie. On l'a vue se déclarer sous l'influence de circonstances fort diverses, telles qu'une température trop basse ou trop élevée, l'humidité, une mauvaise alimentation, etc. Mais toutes ces conditions, suivant M. Pasteur, n'agiraient que comme causes occasionnelles, tandis que la cause effective serait le développement d'organismes parasites de diverse nature dans le canal intestinal des vers. Telle est en effet la conclusion qui découle des expériences instituées par M. Pasteur et d'où il résulte que la flacherie peut se transmettre par contagion et par hérédité. Les agents de la contagion sont les organismes (bactéries, vibrions, micrococcus) contenus dans le tube digestif des vers malades et qui sont introduits avec les aliments ou de toute autre manière dans l'intérieur des vers sains. C'est à tort, selon moi, que quelques bacologues ont contesté cette propriété contagieuse de la flacherie. En répétant après beaucoup d'autres les expériences de M. Pasteur, j'ai pu déterminer la maladie chez des vers sains, en leur faisant absorber avec les aliments les organismes qui s'étaient développés chez des vers morts-flats. On peut même transmettre de cette façon la flacherie aux chenilles sauvages. Je me propose de faire dans une autre circonstance l'étude comparative de cette maladie chez le ver à soie du mûrier et les autres bombycides, principalement au point de vue des organismes qui se développent chez les vers malades. Malgré les observations nombreuses dont la flacherie a été l'objet dans ces dernières années de la part des savants et des praticiens les plus éminents, son histoire est loin d'être complètement connue, et elle constitue toujours un grave sujet de préoccupations pour les sériciculteurs.

La pébrine ou maladie corpusculeuse (cette autre affection meurtrière du ver à soie du mûrier) fait aussi parfois de grands ravages dans les éducations des nouveaux bombycides. Elle diffère, entre autres caractères, de la flacherie, en ce qu'elle prend plus volontiers le caractère épizootique, mais elle est comme celle-ci de nature parasitaire et contagieuse. C'est sous forme d'épizootie qu'elle s'est abattue depuis une trentaine d'années sur toutes les contrées séricicoles de l'Europe. Arrivée à son apogée il y a une dizaine d'années, elle semble avoir diminué d'intensité depuis cette époque [1], soit par une décroissance spontanée et naturelle, soit grâce aux moyens prophylactiques qui ont été mis en usage pour arrêter son extension. Mais ces moyens qui consistent à n'employer pour les éducations que des graines pures de tout principe morbide, obtenues par l'importation étrangère ou la sélection microscopique, ne réussissent qu'à restreindre le mal sans le faire disparaître. Nos vers en recèlent toujours le germe dans leur intérieur, d'où il est toujours prêt à sortir pour exercer de nouveaux ravages. Dans son rapport sur la sériciculture à l'Exposition universelle de 1867, M. de Quatrefages déplorait que le fléau fût venu attester sa présence jusqu'au milieu des splendeurs de cette grande fête de l'industrie. Il n'était pas absent non plus à celle de 1878. Une poignée de papillons pris au hasard parmi les lots exposés nous a offert neuf individus corpusculeux sur un individu sain, ce qui n'empêchait pas l'exposant de les présenter comme des spécimens d'une race régénérée par un système particulier d'alimentation!

Au moment de leur importation dans nos contrées infestées, les nouveaux vers à soie n'ont pas tardé à contracter le mal presque avec la même intensité que le Bombyx du mûrier lui-même. De nombreux échecs constatés à cette époque, principalement dans les éducations en chambre close, ne reconnaissent pas d'autre cause. C'est à la pébrine, suivant M. de Quatrefages, qu'est due la mortalité qui frappait un grand nombre de vers dans l'éducation de *Yama-maï* que M. Personnat avait organisée à l'Exposition de 1867. D'après M. Maurice Girard, qui a longtemps dirigé les éducations de Bombyx étrangers à la magnanerie du Jardin d'acclimatation du bois de Boulogne, les vers étaient fréquemment atteints de la même maladie qu'ils avaient probablement reçue par contagion des éducations de *Bombyx mori* qui se faisaient au même établissement [2].

(1) M. de Quatrefages estimait, en 1867, à un milliard la perte totale supportée par la sériciculture depuis l'apparition de la maladie en 1854, c'est-à-dire pendant une période de treize ans. Voir *Rapports du Jury international de l'Exposition universelle de 1867*, t. XII, 1868, p. 489.

(2) Au rapport de M. Adams on voit sévir quelquefois dans les éducations de *Yama-maï*, au Japon, une maladie caractérisée par l'apparition de taches noires sur la peau des vers et qui n'est probablement autre que la pébrine.

La facile transmission de la pébrine de notre ver à soie ordinaire aux chenilles des autres lépidoptères résulte des expériences que j'ai faites autrefois sur un certain nombre d'espèces. Ainsi j'ai montré qu'il suffit de nourrir même pendant un seul repas les chenilles au premier âge du *Gastropacha neustria* (vulgairement la Livrée) avec des feuilles saupoudrées de poudre obtenue par le broyement de papillons corpusculeux du Bombyx du mûrier pour les voir presque toutes succomber rapidement à la pébrine. On obtient le même résultat en associant dans une même éducation les petites chenilles sauvages avec des vers à soie corpusculeux. Dans ce cas, la transmission est produite par l'absorption que font les premières des feuilles salies par les excréments des vers malades. Après la mort on trouve tous les organes farcis de corpuscules aux différents âges de leur développement, absolument comme chez les vers à soie qui ont succombé à l'infection corpusculeuse. Gr. VIII — Cl. 83.

Il est cependant certaines espèces de lépidoptères qui restent absolument réfractaires à la pébrine, quelle que soit l'intensité de l'action contagieuse à laquelle elles sont soumises. Telle est l'espèce nuisible et commune dans nos pays qui porte le nom de Bombyx cul-brun (*Liparis chrysorrhoea*). C'est en vain que j'ai cherché à déterminer chez les chenilles de cette espèce, prises à différents âges, l'infection corpusculeuse par les divers moyens qui la produisent si facilement chez le ver à soie du mûrier, le *Gastropacha neustria* et d'autres espèces. Les chenilles du Bombyx cul-brun peuvent manger impunément les feuilles les plus chargées de corpuscules et arrivent au terme de leur développement sans présenter aucun symptôme de maladie. L'examen microscopique ne montre aucun corpuscule dans leurs organes intérieurs, sauf ceux qui ont été ingérés avec les aliments, et qu'on retrouve par milliers dans le canal intestinal, où ils se trouvent rassemblés comme dans un tube inerte, sans manifester aucune tendance à franchir les parois de cet organe.

Ces différences dans l'aptitude des animaux à subir l'action des agents infectieux est un fait des plus ordinaires dans l'histoire des maladies parasitiques. On les explique généralement par l'influence exercée par la race ou l'espèce, sans préciser en quoi consiste cette

Gr. VIII.

Cl. 83.

prédisposition ou cette immunité à l'égard d'une même cause d'infection. Je hasarde l'explication suivante comme une tentative pour rattacher à une simple différence anatomique la manière très inégale dont les divers lépidoptères se comportent en présence des agents de l'infection corpusculeuse. Cette différence consisterait dans l'épaisseur et la densité variables, suivant les espèces, de la tunique interne du tube digestif, tunique formée chez tous les insectes par une couche chitinisée homogène, qui s'étend comme un vernis sur toute la surface interne du canal intestinal. Pour comprendre la relation existant entre ces différences de la membrane interne de l'intestin et l'aptitude à l'infection, il me faut rappeler la manière dont, d'après mes observations, le corpuscule se comporte après qu'il est introduit dans le tube intestinal du ver. Au contact des parois de ce tube, il se ramollit et se transforme en une petite masse de substance homogène qui se déplace lentement à la surface de l'intestin, puis perfore la membrane interne et parvient ainsi dans les couches plus profondes de la paroi. Là, cette petite masse grossit rapidement en absorbant les sucs nutritifs ambiants, et forme dans son intérieur de nouveaux corpuscules, lesquels, mis ensuite en liberté, se multiplient comme le corpuscule primitif.

Leur nombre augmente ainsi rapidement, et ils parviennent, de proche en proche, jusque dans les organes les plus éloignés, même dans ceux de la reproduction où ils infectent aux sources mêmes de la vie les germes des nouvelles générations [1]. Or, on comprend que, si la membrane interne de l'intestin est mince et délicate, elle se laisse facilement traverser par les corpuscules, tandis que, d'autres fois, elle puisse être plus ou moins consistante, suivant son degré de chitinisation, et devenir alors une barrière infranchissable pour les corpuscules qui ont pénétré dans le canal alimentaire des vers. Ces organismes deviennent alors inoffensifs pour l'animal, comme le sont les bactéries du charbon introduites dans l'intérieur du tube digestif des animaux supérieurs, où elles

[1] Voir, pour plus de détails sur la propagation des corpuscules de la pébrine, mes *Études sur la maladie psorospermique des vers à soie* (*Comptes rendus de l'Académie des sciences*, t. LXIV, 1867); et *Journal de l'anatomie et de la physiologie* du docteur Ch. Robin (t. IV, 1867).

n'ont aucune action nuisible, tandis qu'elles envahissent le corps tout entier et déterminent une mort rapide lorsqu'elles ont pénétré dans le système circulatoire. Il y a toutefois une différence entre les corpuscules du charbon et les corpuscules de la pébrine introduits dans les voies digestives, c'est que les premiers conservent leur innocuité à l'égard de toutes les espèces animales, tandis que les seconds ne sont inoffensifs que pour certaines espèces et nuisibles pour d'autres.

Nous ignorons jusqu'ici si les espèces séricigènes dont on tente actuellement l'acclimatation en Europe sont toutes également prédisposées à contracter l'infection corpusculeuse, ou s'il n'y a pas parmi elles des espèces plus résistantes que les autres, ou peut-être même complètement réfractaires. Des expériences spéciales pourraient seules nous éclairer à cet égard; elles vaudraient la peine d'être entreprises. Si, parmi les bombycides exotiques, le *Yama-mai* a paru plus fréquemment atteint que ses congénères, le Bombyx du mûrier excepté, cela peut tenir à ce que les éducations du premier ont été plus multipliées et faites sur une plus grande échelle que chez les autres. Si les expériences dont nous parlons venaient à démontrer que ces espèces se comportent d'une manière inégale au point de vue de l'aptitude à contracter la maladie, on ferait sagement de chercher à acclimater de préférence celles qui, toutes choses égales d'ailleurs, présenteraient la plus grande résistance relative, pour ne pas dire une immunité absolue; car il est peu probable que les différences puissent aller jusque-là chez des espèces appartenant toutes à un même genre ou à des genres très voisins.

Hâtons-nous d'ajouter que l'éducation sur les arbres en plein air, qui est le véritable criterium d'une acclimatation parfaite, diminuerait, dans une forte proportion, les chances de propagation de la maladie. Par cette méthode d'élevage, on n'aurait presque plus à craindre le contact des feuilles avec les matières excrémentielles chargées de corpuscules et l'absorption consécutive de ceux-ci par les vers sains. On sait, en effet, que la principale voie de propagation de la pébrine parmi les vers d'une même

Gr. VIII. — Cl. 83.

chambrée est précisément l'ingestion de feuilles souillées par les corpuscules mêlés aux résidus de la digestion.

L'éducation à l'air libre sur les arbres rapprocherait nos espèces industrielles du genre de vie des espèces sauvages, chez lesquelles on n'observe jamais ces épizooties meurtrières qui ont ravagé nos magnaneries et dont notre sériciculture ressent encore vivement les pertes qu'elles lui ont causées.

# L'APICULTURE.

Toutes les personnes qui ont été à même de comparer la manière dont l'apiculture était représentée aux deux Expositions universelles de 1867 et de 1878 ont été obligées de reconnaître combien celle-ci était inférieure sous ce rapport à sa devancière. Au premier abord, on était tenté d'attribuer cette infériorité à une diminution de l'industrie apicole en France et dans les autres pays de l'Europe, et cette impression ne pouvait qu'augmenter à la vue des montagnes de cire minérale (ozokérite) qui se dressaient dans le palais du Champ de Mars et semblaient menacer d'une concurrence redoutable la cire des abeilles. Hâtons-nous de dire que telle n'était pas la cause du peu d'importance relative de l'exposition apicole de 1878. La statistique officielle prouve en effet que, loin de diminuer, le nombre des ruches cultivées en France a été, au contraire, en augmentant dans ces dix dernières années; il est actuellement de 2 millions à 2 millions et demi, en moyenne, et le produit, qui était évalué de 15 à 20 millions de francs en 1867, s'est élevé à 22 ou 23 millions. De même que la plupart des autres branches de notre industrie agricole, l'apiculture est dans un état de développement continu, qu'elle doit principalement au perfectionnement des méthodes d'élevage des abeilles et à l'introduction de races d'abeilles étrangères, qui, en se mêlant à notre race indigène, lui communiquent leurs précieuses qualités et l'avivent par l'infusion d'un sang nouveau. Ces heureux résultats doivent être attribués en grande partie à l'influence des sociétés locales d'apiculture dont le nombre se multiplie de plus en plus dans nos départements, et surtout aux efforts de la Société centrale d'apiculture et d'insectologie de Paris, qui, par ses publications, ne cesse de vulgariser les méthodes de culture des abeilles que l'expérience a jugées les meilleures, non seulement en France, mais aussi dans les autres pays de l'Europe.

Si l'apiculture n'a pas été brillamment représentée à l'Exposition universelle de 1878, diverses causes peuvent être assignées à

Gr. VIII. — Cl. 83.

ce fait fâcheux. D'abord l'année n'a pas été bonne pour les abeilles, et il est d'expérience que, dans une mauvaise année, le nombre des ruches diminue, en France, d'un quart et même d'un tiers, parce que les abeilles essaiment peu. Puis, nous devons bien le dire, un certain nombre d'apiculteurs, d'abord pleins de zèle et de bonne volonté, se sont retirés au dernier moment, rebutés par l'installation défectueuse du local affecté à l'exposition des insectes, où abeilles et vers à soie se coudoyaient dans un espace trop exigu. Comme pour racheter cet entassement des produits apicoles de la France dans l'étroit pavillon du Trocadéro, ceux des pays étrangers étaient, au contraire, disséminés dans toutes les parties des immenses galeries du Champ de Mars et perdus au milieu des objets les plus hétérogènes, où l'on avait souvent toutes les peines du monde à les découvrir. Cette dispersion a été la source de beaucoup d'ennuis et d'une grande perte de temps pour le jury; aussi n'oserions-nous pas affirmer que rien d'essentiel n'ait échappé à son attention, malgré tous ses efforts pour remplir consciencieusement sa mission. Ces explications étaient nécessaires pour qu'on ne se méprît pas sur la cause de la triste figure que l'apiculture a faite à l'Exposition universelle de 1878, et qu'on aurait pu attribuer à une décroissance générale de l'industrie apicole. Pour notre pays, du moins, aucune raison plausible ne pourrait être invoquée pour expliquer cette prétendue décadence, et les fleurs de nos champs et de la lisière de nos bois, bien loin de manquer à nos ruchées, pourraient nourrir une population d'abeilles double ou triple de celle qui est actuellement cultivée en France.

## I

Un éminent écrivain apicole [1] a dit de l'apiculture «qu'elle est la poésie de l'économie rurale.» Cette comparaison revenait involontairement à l'esprit lorsque, à l'Exposition universelle, on passait la revue des innombrables formes de ruches que l'imagina-

[1] M. le baron d'Ehrenfels.

tion des cultivateurs d'abeilles s'était plu à créer pour servir de demeure aux insectes, objet de leur affection intéressée. A première vue, on pouvait se convaincre que la vieille querelle des *fixistes* et des *mobilistes*, c'est-à-dire des partisans des ruches à rayons fixes et des partisans des ruches à rayons mobiles, n'était pas près de prendre fin, car les deux camps étaient représentés par de nombreux modèles de ruches. Dans la section française, la plupart appartenaient au système fixiste, tandis que, dans les sections étrangères, en Autriche, en Italie, en Angleterre, c'étaient ceux du type mobiliste qui prédominaient. L'Allemagne, patrie des Dzierzon, des Berlepsch, des Kleine, des Schmidt, c'est-à-dire des apôtres les plus fervents du mobilisme, s'était, comme on sait, abstenue de prendre part à l'Exposition. La Russie, qui est le pays de l'Europe où l'apiculture a pris le plus grand développement, n'était représentée que par deux ruches seulement, appartenant l'une et l'autre au système mobiliste. La Suisse, ce pays apicole par excellence, si bien représentée à l'Exposition de 1867, notamment par les produits de la célèbre maison Mona, du canton du Tessin, ne comptait même aucun exposant.



On se ferait donc une idée fort inexacte de l'extension que la culture des abeilles a prise dans chaque pays, si l'on voulait en juger par l'importance de leur exposition apicole en 1878. On apprendrait tout aussi peu à connaître la méthode de culture la plus répandue dans les divers pays par la proportion relative des ruches de chaque système que chacun d'eux avait envoyées à l'Exposition. Ajoutons que ce sont presque toujours des amateurs qui inventent les nouveaux modèles, et l'on connaît la prédilection de cette classe d'apiculteurs pour les ruches à rayons mobiles. Les fabricants de profession, qui ne manquaient pas non plus parmi les exposants, trouvent également dans la ruche mobile un thème qui se prête à des variations plus nombreuses et plus originales que la ruche fixe. Toutes ces raisons expliquent pourquoi l'école mobiliste était plus largement représentée que son antagoniste. On a beaucoup exagéré, du reste, à notre avis, cet antagonisme des deux écoles. L'une et l'autre ont cherché le perfectionnement en introduisant dans le principe de construc-

Gr. VIII. — Cl. 83.

tion de la ruche la mobilité; mais elles ne l'ont pas réalisé de la même façon. Les uns ont rendu la ruche elle-même mobile, en la formant de deux ou un plus grand nombre de compartiments superposés et indépendants les uns des autres, ce qui a conduit à l'invention de la ruche à hausses et de la ruche à chapiteau; mais dans celles-ci, les rayons forment en quelque sorte corps avec la paroi, tandis que les autres, mieux avisés à ce que nous croyons, ont rompu cette solidarité des rayons avec la ruche, en construisant les ruches dites *à rayons mobiles,* dans lesquelles les rayons ne sont pas seulement indépendants de la paroi, mais libres aussi les uns par rapport aux autres. Ces dernières ruches doivent donc être considérées comme l'expression la plus parfaite de la mobilisation, puisque chaque rayon peut être déplacé individuellement, disposition qui constitue évidemment une grande supériorité sur les ruches à rayons fixes pour toutes les opérations qui se pratiquent sur les abeilles. Mais si c'est là une vérité incontestable en théorie, on conçoit que, dans la pratique, et surtout dans la grande culture, il puisse ne pas toujours en être ainsi. Abstraction faite du prix généralement plus élevé des ruches à rayons mobiles, nous estimons qu'avec leurs nombreuses pièces se démontant une à une elles constitueront toujours des objets bien délicats entre les mains de l'homme des champs, habitué à manier les grossiers outils de l'agriculture. Les opérations apicoles s'y exécutent aussi avec plus de lenteur, et le temps est bien quelque chose pour celui qui possède plusieurs centaines de ruches dans son rucher, et que le soin de ses abeilles ne réclame pas exclusivement. De tout ceci, nous conclurons que la préférence à donner à l'un ou l'autre système est affaire de goût, de temps, d'habitudes, nous dirions volontiers de tempérament, et que, tant qu'il y aura des apiculteurs, ceux-ci se partageront en deux camps, comme ils le sont aujourd'hui. Aussi ne sommes-nous pas surpris de voir, dans notre pays même, des praticiens émérites, tels que MM. Hamet, Vignole, de Layens, l'abbé Sagot, Drory, etc., se ranger les uns sous la bannière des fixistes, les autres sous celle des mobilistes.

Les partisans de chaque système ont apporté dans leur type préféré de nombreuses modifications secondaires destinées, dans leur pensée, à rendre le séjour de la ruche aussi commode et aussi sûr que possible aux abeilles, à augmenter la qualité et l'abondance de leurs produits, et à simplifier dans la mesure du possible la manipulation de la ruche. Toutes les modifications concernant la matière, les formes, les proportions, la disposition intérieure de la ruche, qui ont été proposées peuvent, nous n'en disconvenons pas, avoir leurs avantages, peut-être aussi leurs inconvénients; mais pour pouvoir en juger en connaissance de cause il faudrait, comme le dit M. Blanchard, instituer des expériences comparatives, faites sur une assez grande échelle. « Tous nos efforts, ajoutait le savant rapporteur du jury de l'apiculture à l'Exposition universelle de 1867, pour être complètement édifié à cet égard par les apiculteurs dont les exploitations signalent l'habileté et la parfaite entente de leur industrie, sont demeurés sans résultat satisfaisant..... On s'explique fort aisément une semblable divergence d'opinions. Tout homme qui, par une longue pratique, est devenu habile à se servir de certains instruments, ne retrouvant plus son habileté ordinaire quand il opère avec d'autres instruments très parfaits dans la main exercée à leur emploi, n'hésite pas à les condamner. » La même pensée est exprimée sous une forme plus concise par M. Hamet : « La meilleure ruche est celle qu'on sait le mieux conduire. »

Il ne faut d'ailleurs pas perdre de vue qu'on peut faire de l'apiculture parfaitement rationnelle avec toutes sortes de ruches, voire même avec la vulgaire ruche en cloche ou celle faite d'un simple morceau de bois creux. Il faut en effet soigneusement distinguer en apiculture entre ces deux choses : système de ruche et méthode d'exploitation. On peut employer des méthodes apicoles différentes avec un même système de ruche, et réciproquement une même méthode de culture avec des ruches de systèmes fort divers. Mais quelle différence souvent dans le temps et la peine qu'exigent certaines opérations, suivant qu'elles sont faites avec telle ou telle ruche! Aussi l'invention de la ruche à hausses, dont on peut, suivant les besoins, agrandir ou diminuer la capacité par un procédé fort simple et bien connu, a été un progrès marqué sur la ruche d'une seule pièce ou ruche vulgaire, par la facilité avec laquelle elle permet de faire la réunion des colonies, qui donne des populations fortes et productives, ou la division d'une population trop nombreuse en deux ou plusieurs colonies au moyen de l'essaimage artificiel par division. S'agit-il, d'un autre côté, de chercher dans une ruche la reine vieillie pour la remplacer par une mère plus jeune et plus féconde, ou pour substituer à l'ancienne mère une mère d'une autre race, la ruche à rayons mobiles, qui permet d'enlever et d'examiner séparément chaque rayon, rendra cette opération bien plus facile que la ruche à hausses la mieux construite, où elle ne pourra s'effectuer le plus souvent sans détruire ou endommager un certain nombre de rayons. Par contre, comme nous l'avons dit, la ruche à rayons mobiles présente l'inconvénient d'être plus délicate à manier et d'exiger un temps plus long pour faire la récolte et la plupart des autres opérations.

Quelques apiculteurs éclectiques ont cherché à combiner les avantages des deux systèmes en construisant des ruches dites *mixtes*, c'est-à-dire dont une partie est destinée à recevoir des rayons mobiles et l'autre des rayons fixes. Telle est la modification de la ruche à chapiteau, où le corps de la ruche reçoit, comme à l'ordinaire, des rayons fixes, tandis que le chapiteau est muni intérieurement de cadres mobiles. La ruche vulgaire elle-même, si répandue dans un grand nombre de localités de la France, peut être ainsi transformée en ruche mixte, en pratiquant une ouverture à la partie supérieure et en la surmontant d'une boîte ou de tout autre récipient garni de rayons mobiles. Les partisans du mobilisme pourraient même, à l'imitation de ce qui s'est fait récemment dans beaucoup de localités de l'Allemagne, transformer complètement la ruche vulgaire en ruche mobile, en pratiquant, à droite et à gauche de la paroi intérieure, des rainures ou en y fixant des traverses destinées à recevoir des barrettes ou des cadres. Rien de surprenant de voir Dzierzon, dans le zèle de sa propagande mobiliste, proclamer cette transformation de la ruche vulgaire en ruche mobile, le plus important progrès réalisé dans ces dernières années par l'apiculture allemande[1].

[1] Bien que Dzierzon ne soit pas proprement l'inventeur de la ruche mobile, dont on peut faire remonter l'idée première jusqu'aux Grecs anciens, son nom s'est tellement

Puisque le nom de Dzierzon s'est trouvé sous notre plume, et il était difficile de ne pas le rencontrer dans un pareil sujet, nous allons montrer, par un exemple d'autant plus significatif qu'il concerne le grand maître lui-même des apiculteurs allemands, avec quelle réserve on doit apprécier les ruches les mieux construites en théorie, mais dont la valeur pratique n'a pas été consacrée par une longue expérience. Lorsque, vers 1857, Dzierzon fit connaître sa fameuse ruche, dite *ruche jumelle,* composée essentiellement, comme on sait, de deux ruches à cadres contiguës, elle devint promptement l'objet d'un engouement général en Allemagne, et les apiculteurs les plus renommés de ce pays, tels que Kleine, le comte Stosch et autres, la saluèrent comme un véritable chef-d'œuvre. Berlepsch fut à peu près le seul qui osât en faire la critique, principalement au point de vue du bon hivernage des abeilles. Aujourd'hui, après une expérience de vingt années, les faits ont donné raison à Berlepsch, et la ruche jumelle commence à être délaissée par ceux-là mêmes qui l'avaient le plus prônée à l'origine. Il est même probable que son abandon eût eu lieu beaucoup plus tôt, sans le prestige qui s'attachait au nom de l'inventeur. C'est qu'il y a en effet un meilleur juge que l'homme des qualités d'une ruche : ce sont les abeilles pour lesquelles la ruche est faite.

L'exemple que nous venons de citer devait rendre le jury très circonspect dans l'appréciation des nombreux modèles de ruches soumis à son examen, telle modification qui, à première vue, paraissait une innovation heureuse, pouvant, comme dans la ruche jumelle de Dzierzon, ne pas répondre à son but lorsqu'on la soumettrait à une expérience suffisamment prolongée. Cependant, parmi les ruches qui figuraient à l'Exposition, il en est un certain nombre qui ont été jugées dignes d'être recommandées aux essais des apiculteurs, soit parce qu'une assez longue pratique avait permis d'en juger les avantages, soit parce qu'elles présentaient des améliorations évidentes en rapport avec certaines conditions locales ou pratiques. Telles sont, dans la section française, les ruches exposées par MM. Hamet, Cayatte, Abadie-Ferran, dans le système à rayons

identifié avec le système du mobilisme, qu'en Allemagne l'expression de *ruche dzierzoniade* est devenue synonyme de ruche à rayons mobiles.

Gr. VIII. — Cl. 83.

fixes; celles de MM. l'abbé Sagot, J.-P. Arvisct, Maine, Delinotte, Saint-Pé, dans le système à rayons mobiles. Ces apiculteurs se recommandaient en outre aux suffrages du jury par leur exploitation rationnelle des abeilles et la part plus ou moins large qui revient à chacun d'eux dans la propagation des meilleures méthodes. Sous ce rapport, une mention spéciale est due à M. Hamet, secrétaire de la Société d'apiculture de Paris, et à M. Vignole, président de la Société apicole de l'Aube, dont les publications ou l'enseignement ont beaucoup contribué aux progrès de l'apiculture en France. Nous ne devons pas oublier M. Beuve, instituteur dans l'Aube, qui, dans une sphère plus modeste, travaille avec beaucoup de zèle à répandre autour de lui les bons principes.

Dans la section autrichienne, M. le baron de Rothschütz, président de la Société d'apiculture de la Carniole, a exposé, parmi de nombreux produits et instruments apicoles, une ruche construite d'après une idée ingénieuse. Cette ruche permet d'apprécier jour par jour, et même presque heure par heure, le poids de la récolte. C'est une ruche à cadres, haute, verticale, formant corps avec une balance romaine dont le cadran, placé dans une sorte de chapiteau surmontant la ruche, peut indiquer jusqu'à 50 kilogrammes le poids de l'essaim, du miel et de la cire. Dans la même section nous signalerons encore l'élégant modèle, dit *ruche suisse,* de M. Reibstein, apiculteur à Bubenc, près de Prague. Elle appartient, comme la précédente, au type des ruches hautes et se compose de trois étages, dont chacun renferme onze cadres mobiles et est muni de deux portes pour les abeilles. Un toit mobile, de la forme de celui d'un chalet suisse, surmonte l'édifice. Cette ruche, de même que la ruche à cadran de M. de Rothschütz, ne peut convenir qu'à des éducations d'amateur, en raison de l'élévation de leur prix. Nous leur préférons comme bien plus pratiques, moins coûteuses et pourtant d'une construction fort soignée, les ruches dites *Prinzstöcke,* exposées par la Société d'apiculture de la Bohême. Celles-ci ont la forme de boîtes rectangulaires, horizontales, longues de 85 centimètres, hautes et larges de 38 centimètres. Elles peuvent contenir vingt cadres sur un seul rang. Un regard vitré et fermé par un bouchon de paille est placé sur chacun des petits côtés; quatre ouvertures simplement bouchées sont pratiquées sur le dessus de la ruche. Les parois sont construites en paille et épaisses de 5 centimètres, ce qui est une condition de solidité et de bonne conservation de la chaleur.

L'apiculture italienne était représentée par l'exposition de la Société centrale d'encouragement pour l'apiculture en Italie, et par celles de MM. Sartori, de Milan, Orazio Martino, de Villetta, Pietro Pilati, de Bologne, et Crema, de Turin. Le grand nombre et la variété des modèles de ruches présentés par ces divers exposants indiquent l'importance que l'apiculture a prise de nos jours en Italie, grâce surtout à la fondation, en 1870, de la Société centrale d'encouragement, à laquelle se sont promptement affiliées de nombreuses sociétés locales [1]. Les ruches appartiennent presque toutes au système mobiliste, qui paraît décidément en honneur dans la patrie de Virgile. Elles ne s'éloignent pas sensiblement de la plupart des modèles de ce système actuellement usités en France et en Allemagne. Nous avons remarqué seulement parmi les ruches exposées par M. Sartori une ruche à cadres, horizontale, formée de trois compartiments réunis par des crochets. Les cadres sont disposés parallèlement au grand axe de l'ensemble. C'est une ruche à trois divisions, qui permet de faire facilement les réunions des colonies par juxtaposition et certaines autres opérations, mais peut-être aux dépens de la solidité de la ruche.

La Grande-Bretagne avait envoyé à l'Exposition un assortiment

[1] Les chiffres suivants pourront donner une idée de l'importance que présente actuellement la culture des abeilles en Italie. La production du miel est évaluée à 1,533,880 kilogrammes, représentant une valeur de 1,385,000 lires, et celle de la cire à 380,820 kilogrammes, valant 1,590,000 lires. La cire est généralement d'excellente qualité; quant au miel, la qualité varie suivant les localités, mais on en récolte encore qui rappelle le miel, jadis fameux, du mont Hybla, en Sicile. On n'en fait pas une grande consommation comme substance alimentaire; la majeure partie est employée par l'industrie et la pharmacie. La cire trouve de plus larges débouchés dans la fabrication des cierges et des bougies; la production indigène n'y suffit même pas, et une grande quantité est importée annuellement d'Anatolie, de Valachie, de Moldavie, de Grèce, et même d'Afrique et d'Amérique. Cette grande consommation de cire n'a rien d'étonnant dans un pays qui est le centre de la catholicité et où un nombre considérable de cierges sont brûlés dans les églises. Avec l'Italie, la Russie consomme aussi une énorme quantité de cire, et cela pour des raisons analogues.

varié de ruches : ruche du cottage, de la ferme et du château : ruches des dames et des paysans. La plupart sortaient des deux grandes maisons Georges Neighbour et fils, de Londres, et Abbott frères, du comté de Middlesex. Quelques-unes sont remarquables par leur élégance et leur confortable tout anglais; mais presque toujours leur construction est compliquée par des additions inutiles de portes, de couvercles, de tiroirs, de volets, de cloches de verre, etc. L'exécution en est supérieure, et malheureusement aussi le prix élevé. Le modèle le plus remarquable de MM. Abbott frères est le *Standard,* ruche à cadres, à double paroi de bois pour conserver la chaleur et empêcher l'accès de l'humidité dans l'intérieur de la ruche. Signalons encore une autre ruche d'observation de M. Wilson Brice, de Newbury, formée d'une série de cadres placés chacun entre deux vitrages et serrés les uns contre les autres dans une enveloppe en bois.

Ce n'est pas sans regret qu'on a vu le faible contingent que la Russie, ce pays apicole par excellence, avait envoyé à l'Exposition.

Deux ruches seulement, l'une de M. Borissovsky, de Moscou, l'autre de M. Freywirth, de Riga, étaient exposées dans l'annexe de la section russe. Ce qui frappait tout d'abord dans ces ruches, c'étaient leurs vastes proportions. Les grandes ruches sont surtout utiles dans les contrées où la flore mellifère est d'une grande richesse, mais en même temps d'une courte durée. Ces conditions s'observent particulièrement en Russie. Aussi les ruches de ce pays étonnaient-elles déjà par leurs dimensions nos apiculteurs, qui les voyaient pour la première fois à l'Exposition universelle de 1867, où une collection bien plus variée était placée sous les yeux des visiteurs. La ruche de M. Borissovsky est une sorte de vaste armoire remplie de cadres, haute de 66 centimètres, large de 31 centimètres et profonde de 38 centimètres. La ruche de M. Freywirth présente une disposition plus originale. C'est une grande ruche tournante, renfermant deux étages de cadres disposés comme les rayons d'une roue autour d'une colonne centrale verticale pouvant être mise en rotation par une manivelle. Les deux étages de cadres peuvent se mouvoir indépendamment l'un de l'autre, et les cadres viennent se présenter successivement devant une ouverture placée au côté opposé à l'entrée des abeilles et fermée par un carreau mobile. Du reste, la Russie n'a pas la spécialité des grandes ruches. En France, dans certaines localités du département des Pyrénées-Orientales, on trouve des ruches qui égalent, si elles ne les dépassent même, les proportions des ruches russes, car elles mesurent jusqu'à 1 mètre de haut sur 50 centimètres de large. Ces ruches peuvent rapporter jusqu'à 12 kilogrammes de miel.

## II

Ce rapport ne donnerait qu'une idée incomplète des progrès réalisés en apiculture depuis l'Exposition universelle de 1867, s'il se bornait à ne parler que des objets mis sous les yeux du public en 1878.

En effet, le rôle de l'apiculteur ne consiste pas seulement à imaginer les logements les plus sûrs et les plus commodes pour les abeilles, à inventer ou perfectionner les instruments servant à l'exploitation de leurs produits. Il doit s'attacher aussi à prévenir ou à guérir les maladies auxquelles les abeilles sont sujettes et dont la plus grave est la loque ou pourriture du couvain. Ainsi que son nom l'indique, elle atteint les larves et les nymphes renfermées dans les cellules et en amène rapidement la décomposition. Le grand danger de la loque ne consiste pas seulement en ce qu'elle détruit le couvain, salit les rayons et rend leur emploi impossible pour obtenir de nouveau couvain; essentiellement contagieuse, elle envahit graduellement toutes les cellules d'une même ruche, s'étend de celle-ci aux ruches voisines et va même jusqu'à atteindre toutes les ruches d'une même contrée.

Réputée incurable jusqu'à ces derniers temps, la loque était la terreur du cultivateur d'abeilles, de même que la flacherie, avec laquelle elle présente beaucoup de ressemblance, est celle de l'éducateur de vers à soie. Mais la loque a perdu beaucoup de son caractère redoutable depuis que, en apprenant à mieux connaître la nature du mal, on a été mis, ainsi que cela arrive souvent, sur la voie du remède. Les études du docteur Preuss, du pasteur Schönfeld

Gr. VIII. — Cl. 83.

et d'autres ont montré que la loque est une affection parasitaire, due à une végétation cryptogamique qui se développe dans le couvain, tue et détruit les tissus délicats des larves et des nymphes. Un hasard heureux voulut que, presque en même temps que cette découverte fut faite, le professeur Kolbe trouva dans l'acide salicylique une substance éminemment propre à la destruction des organismes inférieurs animaux et végétaux. L'action de l'acide salicylique contre la pourriture du couvain fut expérimentée avec succès par l'apiculteur polonais Hilbert, qui rendit son procédé public, en 1875 et 1876, aux congrès apicoles de Strasbourg et de Breslau. Ce procédé consiste dans l'emploi d'une solution d'alcool salicylique au 8° ou au 10°, que l'on étend de trente fois son volume d'eau à 20 degrés au moment de s'en servir. A l'aide d'un pulvérisateur à liquide, on projette tous les cinq jours sur les rayons et le couvain malade une certaine quantité de cette solution, jusqu'à ce que la guérison soit complète. Pour la désinfection des ruches vides ou des gâteaux qui ne contiennent plus de couvain, on peut se servir d'une solution salicylique plus concentrée. L'acide phénique, qui coûte moins cher, peut être également employé pour cette purification. Enfin Hilbert recommande aussi l'administration interne du remède que l'on fait absorber aux abeilles en leur donnant du miel mélangé à une petite quantité d'alcool salicylique. Pendant le traitement des ruches atteintes de loque, il est prudent, suivant le conseil de Dzierzon, d'enlever la reine, afin d'empêcher celle-ci de garnir de nouveau couvain les rayons avant que le mal ait complètement disparu. L'avantage des ruches à rayons mobiles sur celles à rayons fixes pour exécuter les opérations que nous venons de décrire est évident, et nous n'y insistons pas. Dans les ruches fixes, il faut enlever avec le fer les portions les plus infectées des rayons et ne laisser que celles que les abeilles peuvent facilement couvrir et nettoyer.

## III

Parmi les autres questions sur lesquelles l'attention des apiculteurs éclairés a été appelée dans ces dernières années, il faut placer celle de l'alimentation artificielle des abeilles au printemps. Si, comme on l'a dit, un bon hivernage est le chef-d'œuvre de l'apiculteur, les soins que les abeilles réclament au printemps demandent aussi beaucoup de discernement de la part du possesseur de ruches. Lorsque la végétation est tardive ou qu'un mauvais temps prolongé ne permet pas aux abeilles d'aller butiner au dehors, il y a avantage à les nourrir afin de les exciter à une production active de couvain et d'avoir ainsi une population forte, toute prête au moment de la première récolte, qui est la plus abondante de l'année. Dans ce but, c'est presque toujours du miel pur, ou plus ou moins dilué avec de l'eau qu'on a coutume de leur présenter comme aliment, ou, à son défaut, une solution de sucre de canne ou de glucose.



Cette nourriture, qui convient parfaitement aux abeilles pendant l'hiver par l'abondant dégagement de chaleur que les matières sucrées donnent en se brûlant dans l'économie, n'est plus aussi convenable lorsque l'alimentation artificielle est destinée à provoquer une forte production de couvain. Ce but n'est réellement atteint que lorsque l'aliment contient une proportion suffisante de matière azotée. Celle-ci n'existe pas dans le sucre ou le miel; mais les abeilles se la procurent dans le pollen, qu'elles butinent si activement au premier printemps pour la nourriture du couvain. La provision de pollen que renferme la ruche est souvent épuisée avant que la température leur permette de sortir pour aller recueillir de nouveau pollen au dehors. Il en résulte que la production du couvain diminue ou cesse même entièrement par disette de la nourriture azotée, alors que la ruche aurait le plus grand besoin d'une population forte en vue de l'abondance de la récolte prochaine.

Il s'agissait donc de trouver une substance douée de qualités nutritives analogues à celles du pollen et qu'on pût présenter facilement aux abeilles pour nourrir leur couvain. M. Émile Hilbert, dont nous avons déjà parlé comme l'inventeur d'un traitement efficace de la maladie de la loque, s'est acquis un nouveau titre à la reconnaissance des apiculteurs en leur faisant connaître dans les œufs et le lait deux excellents succédanés du pollen. M. Hilbert s'est livré à de nombreux essais d'alimentation des abeilles avec

Gr. VIII. — Cl. 83.

les œufs et le lait, et on a reconnu les bons effets sur la production du couvain. Celui-ci trouve effectivement dans cette nourriture la substance azotée dont il a besoin pour son assimilation. Le lait contient, en outre, l'eau nécessaire à la préparation de la bouillie avec laquelle les abeilles nourrissent leurs larves. On leur donne le lait cuit et mélangé avec une solution de sucre; le miel convient moins, parce qu'il fait coaguler le lait. Le contenu de l'œuf est intimement mélangé avec du miel ou du sucre dissous dans l'eau. Ces deux mélanges remplacent parfaitement la bouillie prolifique naturelle préparée avec du miel, du pollen et de l'eau. On a remarqué que les abeilles ne prennent du mélange d'œuf et de sucre que la quantité strictement nécessaire à la préparation de la pâtée offerte aux larves, tandis qu'elles emmagasinent dans les cellules une certaine quantité du mélange de lait et de sucre, comme elles le font pour le pollen lui-même.

Le mode d'alimentation artificielle proposé par M. Hilbert a déjà été expérimenté en Allemagne par un grand nombre d'apiculteurs, qui en ont obtenu de bons résultats. Nous le croyons, en effet, destiné à rendre des services dans tous les cas où le nourrissement a pour objet d'obtenir de fortes populations, soit pour augmenter la récolte du miel, soit pour multiplier le nombre des colonies.

L'influence d'un régime très nourrissant s'exerce aussi à la longue sur les abeilles elles-mêmes complètement développées. Leuckart rapporte avoir disséqué des ouvrières qui, pendant quinze jours, avaient été nourries avec un mélange d'œufs de poule et de miel. Chez plusieurs d'entre elles, il trouva les gaines ovigères plus ou moins développées et renfermant des germes d'ovules. On prétend même que dans la pâtée royale que reçoivent les larves de mères entrent des œufs enlevés aux cellules et digérés en partie par les ouvrières chargées d'élever ces larves.

## IV

L'histoire physiologique des abeilles s'est enrichie, dans ces dernières années, de quelques observations nouvelles qui ne sont pas sans intérêt pour la pratique apicole.

Tous les apiculteurs instruits savent que, dans une ruche bien organisée, le soin de multiplier le nombre de ses habitants est exclusivement dévolu à un seul individu, qui est la reine ou abeille mère. On admet généralement qu'après sa fécondation par un mâle ou faux bourdon, la mère peut, à volonté, faire agir ou non sur l'œuf qu'elle va pondre la liqueur séminale déposée dans ses organes. Dans le premier cas, c'est une ouvrière qui naîtra de l'œuf; dans le second, c'est un mâle; par conséquent, l'ouvrière seule a un père et une mère, tandis que le mâle n'a qu'une mère. Il en résulte encore que, dans le croisement de deux races d'abeilles, les ouvrières seules sont métisses, et que les mâles sont toujours de la race maternelle. C'est ainsi, par exemple, que de l'union d'une reine de race jaune ou italienne avec un faux bourdon de race noire ou française naîtront des ouvrières ou des reines métissées, mais des mâles jaunes ou de race italienne pure comme leur mère. Ces faits forment ce qu'on appelle la *théorie de Dzierzon*, du nom de l'apiculteur qui les a déduits de ses patientes observations. Ils représentent en quelque sorte les lois constitutionnelles du gouvernement des abeilles, et tout apiculteur qui se pique d'être au courant de son métier les prend pour guide dans la conduite de ses colonies. Il est de fait que ni la science ni la pratique ne les ont encore trouvés jusqu'ici en défaut. Dans ces derniers temps seulement une objection s'est produite contre cette théorie; elle a pour auteur M. Pérez, professeur à la Faculté des sciences de Bordeaux. Dans une ruche dont la reine, de race italienne pure, avait été fécondée par un mâle français et qui, d'après la théorie, n'aurait dû renfermer que des faux bourdons de race italienne comme leur mère, M. Pérez a constaté trois sortes de mâles : les uns italiens purs, les autres français sans mélange, et les derniers métis à des degrés divers. M. Pérez conclut de cette observation que les œufs de mâles sont fécondés aussi bien que les œufs d'ouvrières par le sperme déposé pendant l'accouplement dans le réservoir séminal de la mère, et que, par conséquent, la théorie de Dzierzon est fausse.

Nous n'avons pas à examiner ici les objections qui ont été faites à M. Pérez par les défenseurs de cette théorie, ni les arguments

Gr. VIII. — Cl. 83.

par lesquels ce savant s'est efforcé de les repousser. Dans une question aussi délicate, où les causes d'erreur peuvent passer si facilement inaperçues, nous pensons qu'un seul fait ne suffit pas à infirmer une doctrine si bien établie. D'ailleurs ce n'est pas uniquement par des observations de l'ordre de celles relatées par M. Pérez qu'on parviendra à en démontrer la fausseté, pas plus que ces observations seules n'eussent suffi à la faire accepter. N'oublions pas, en effet, que c'est grâce surtout au concours que lui ont prêté deux naturalistes éminents, MM. de Siebold et Leuckart, que, malgré tout son talent comme observateur, Dzierzon a réussi à faire triompher sa manière de voir sur le mode de reproduction des abeilles. Nous sommes en droit de demander à M. Pérez de nous donner d'autres preuves que les choses se passent comme il l'indique. Parmi ces preuves il en est une surtout qui constituerait un argument sans réplique : ce serait la constatation de filaments spermatiques dans les œufs de mâles aussi bien que dans les œufs d'ouvrières. On sait que ces filaments ont été vainement cherchés autrefois dans les premiers par MM. de Siebold et Leuckart, tandis que les seconds leur en ont présenté dans la plupart des cas. Malgré le doute que M. Pérez cherche à jeter sur les résultats de ces savants, nous continuerons, quant à nous, à les tenir pour exacts jusqu'à ce qu'il nous ait prouvé qu'il en est autrement.

Une autre observation considérée aussi pendant assez longtemps comme contraire à la théorie de Dzierzon a reçu de nos jours seulement son interprétation exacte. On avait remarqué que certaines mères pondaient des œufs qui n'arrivaient jamais à éclosion : tantôt c'était à la suite d'une période de fécondité plus ou moins longue que survenait la ponte des œufs stériles; d'autres fois la stérilité avait commencé dès la première ponte et avait persisté dans toutes les pontes suivantes. Les adversaires de Dzierzon se sont naturellement servis de ce fait comme d'un argument contre la justesse de ses vues. «Puisque, disaient-ils, selon la théorie, l'abeille mère pond des œufs toujours susceptibles de se développer, qu'ils soient fécondés ou non, il ne devrait jamais y avoir d'œufs stériles chez l'abeille; par conséquent cette stérilité doit être attribuée à la même cause que chez les autres insectes, c'est-à-dire au défaut de fécondation des œufs. » MM. Claus, de Siebold et Leuckart se sont chargés de répondre au nom des partisans de Dzierzon. En disséquant des mères qui avaient pondu de pareils œufs, ces savants ont reconnu que la cause de la stérilité résidait dans une altération des gaines ovigères, notamment dans la dégénérescence graisseuse des éléments désignés sous le nom de *cellules vitellogènes*. Il s'agissait par conséquent d'un fait pathologique qui ne pouvait porter aucune atteinte aux idées de Dzierzon. C'est ainsi qu'en allant au fond des choses, on n'a pas encore trouvé jusqu'ici un seul fait contraire à la théorie que le célèbre praticien a mise comme un code entre les mains des apiculteurs pour leur servir de règle de conduite dans le gouvernement de leurs colonies. Cette théorie sera probablement toujours la base de toute apiculture rationnelle.



BALBIANI,
Professeur au Collège de France.

IMPRIMERIE NATIONALE. — Sept. 1881.

www.ingramcontent.com/pod-product-compliance
Ingram Content Group UK Ltd.
Pitfield, Milton Keynes, MK11 3LW, UK
UKHW012305240726
13966UKWH00004B/1658

9 782012 785229